Sitzungsberichte
der Akademie der Wissenschaften
der DDR
Mathematik – Naturwissenschaften – Technik

Jahrgang 1981 · Nr. 14/N

Burkart Philipp

Holz – unerschöpfliche Rohstoffquelle?

AKADEMIE-VERLAG · BERLIN
1981

Vortrag und Diskussionsbeitrag
in der wissenschaftlichen Sitzung
des Plenums der Akademie der Wissenschaften der DDR am 13. November 1980

Herausgegeben im Auftrage
des Präsidenten der Akademie
der Wissenschaften der DDR
von Vizepräsident Prof. Dr. Heinrich Scheel

ISSN 0138-3956
Erschienen im Akademie-Verlag, DDR-1080 Berlin, Leipziger Str. 3-4

Lizenznummer: 202 · 100/240/81
Gesamtherstellung; VEB Druckhaus Köthen
Bestellnummer: 762 997 3 (2010/81/14/N) · LSV 1375
Printed in GDR
DDR 5,– M

Inhalt

Burkart Philipp

Holz — unerschöpfliche Rohstoffquelle?

1. *Einführung*

Mit dem Begriff „Holz" verbindet sich die Vorstellung eines vielseitig einsetzbaren Roh- und Werkstoffs, der über die Jahrtausende hinweg eine wesentliche materielle Basis für die Entwicklung der menschlichen Kultur bildete, der aufgrund seiner ständigen Verfügbarkeit in Notzeiten oft zur Substitution anderer Produkte herangezogen wurde und der heute in der Diskussion um Rohstoff- und Energieressourcen eine bedeutende Rolle spielt.

Mit den Begriffen „Holz" und „Wald" verbinden sich jedoch nicht nur technische und ökonomische Überlegungen, sondern auch emotionelle Vorstellungen, wie Geborgenheit, Behaglichkeit, Naturverbundenheit und künstlerische Kreativität. Aus der Sicht unserer Gesellschaftsordnung und Lebensweise erscheint es daher nicht nur vertretbar, sondern geradezu notwendig, bei der „Hochveredelung des Holzes" nicht allein an geschmackvolle funktionsgerechte Möbel, an hochwertige cellulosische Chemiefasern und synthetisches Vanillin, oder an Cellulosehohlfäden für die Hämodialyse und Phytosterine für Pharmazie und Kosmetik, sondern gleichermaßen auch an die Holzplastiken von Ernst Barlach oder an die erzgebirgische Volkskunst des Holzschnitzens zu denken.

Die „natürliche Produktionsstätte" des Holzes, der Wald, stellt einen bedeutenden ökologischen Faktor dar, der in unserer heutigen Noosphäre ausgleichend und puffernd wirkt und auch in Zukunft wirken wird, wenn wir die Langzeit-Gesetzmäßigkeiten seines Stoffkreislaufs verstehen und bei seiner stoffwirtschaftlichen Nutzung beachten.

Mit diesen einleitenden Bemerkungen sollte die Vielschichtigkeit der Problematik „Holz und Holznutzung" angedeutet werden, wobei eine ins Detail gehende Behandlung der ökologischen Funktion des Waldes und der kulturhistorischen und ästhetischen Aspekte des Problems „Holz" sicher sehr anregend und reizvoll wäre, aber doch den Rahmen dieses Vortrags sprengen würde. Die folgenden Darlegungen sollen sich vielmehr vornehmlich den naturwissenschaftlich-technischen Fragen der Nutzung des Holzes als Werkstoff und als Rohstoff für chemische Prozesse zuwenden, wobei einige ökonomische und technische Fragen der Holzerzeugung sowie das heute wieder häufiger diskutierte Problem der Energiegewinnung auf Basis „Holz“ mit gestreift werden sollen. Nach einigen Bemerkungen zum Holzaufkommen, zur chemischen und physikalischen Struktur des Holzes als „Polymer-Verbund“ sowie zu den heute realisierten und in Aussicht genommenen Einsatzgebieten des Holzes, soll ausführlicher auf Ergebnisse und offene Fragen der Holz- und Celluloseforschung unter angemessener Betonung von Arbeitsergebnissen des Instituts für Polymerenchemie eingegangen werden, um dann nochmals zusammenfassend Möglichkeiten und Grenzen einer langfristigen komplexen Holznutzung aufzuzeigen.

2. Holzaufkommen und seine Entwicklung

Wie aus den in Tabelle 1 zusammengefaßten Zahlenwerten hervorgeht, werden zur Zeit im Weltmaßstab nur etwa 20% der jährlich nachwachsenden Holzmenge eingeschlagen und einer Verwendung, vor allem als Schnittholz, Grubenholz oder Faserholz zugeführt. Bei Diskussionen über eine Steigerung dieses genutzten Anteils ist zu berücksichtigen, daß erstens die Waldflächen sehr ungleichmäßig verteilt sind und die Hauptmenge der jährlichen Zuwachsrate in industriell und verkehrsmäßig wenig erschlossenen Gebieten anfällt und daß zweitens für bestimmte Nutzungszwecke oft nur bestimmte Holzsortimente infrage kommen. So ist es zu erklären, daß trotz der im Vergleich zur Zuwachsrate geringen Einschlagquote in manchen Ländern Holzmangel herrscht und stellenweise aus Profitsucht ein unverantwortlicher Raubbau getrieben wird, wie z.B. bei der Jagd nach tropischen Edelhölzern für Möbelfurniere und Täfelungen im Amazonasgebiet mit zur Zeit noch nicht absehbaren ökologischen Folgen in weiten Teilen der Erde.

Im Vergleich zu Ländern wie der UdSSR und Kanada gehört die DDR trotz großer zusammenhängender Waldgebiete zu den holzarmen Ländern und ist trotz intensiver Waldwirtschaft auf einen teilweisen Import ihres Nutzholzbedarfs angewiesen. Bei praktisch konstant gebliebener Waldfläche von etwa

Tabelle 1 Holzproduktion und Holznutzung

	Welt (1975)	DDR (1976)
Biomasseproduktion im Wald	65×10^9 to	15×10^6 to
Holzproduktion	6×10^9 to	ca. 10×10^6 to
Holzeinschlag	1×10^9 to	8×10^6 to
Holzertrag pro Jahr und ha	3 m^3	5 m^3
Holznutzung pro Jahr und ha	0,7 m^3	3,3 m^3

Quellen: Statistisches Jahrbuch der DDR, F. Fischer, Z. Chemie

29000 km² – also knapp einem Drittel unserer Bodenfläche – hat sich nach einem gewissen kriegs- und nachkriegsbedingten Raubbau, erkennbar an dem hohen Brennholzanteil von 1950, die Einschlagquote auf einem vertretbaren Niveau stabilisiert (Tab. 2) und wird in den kommenden Jahrzehnten langsam weiter erhöht werden können. Unsere wichtigste Baumart zur Nutzholzgewinnung ist nach wie vor die Fichte, gefolgt von Kiefer und Buche. Einen erheblichen Anteil unseres Schnittholzes und unseres Zellstoffs müssen wir z. Z. importieren, so daß für unsere Volkswirtschaft die zwingende Notwendigkeit besteht, das verfügbare Nutzholz so rationell wie möglich einzusetzen und so weit als möglich zu veredeln. Außerdem ist es erforderlich, bisher nicht oder kaum genutzte Sortimente, z. B. Nadel-Schwachholz aus Durchforstungen oder Ast- und Kronenholz aus Kiefern-Endnutzungen sowie den hohen Anteil an Abprodukten („Holzresten") der Holz- und Möbelindustrie verstärkt einer Nutzung zuzuführen.

Tabelle 2 Holzaufkommen in der DDR (10^6 to bzw. fm)

	Rohholzeinschlag	% Nutzholz	% Brennholz	
1950	13,9	73	27	
1960	8,4	90	10	
1970	7,4	91	9	
1978	8,8	94	6	
Nutzholzeinschlag 1978		insgesamt		8,15
		davon	Bauholz	3,6
			Grubenholz	0,2
			Faserholz	2,0
Import 1978			Schnittholz	1,5
			Zellstoff/ Papier/Pappe	0,5

Quelle: nach statistischem Jahrbuch der DDR 1979

3. *Zur chemischen und physikalischen Struktur des Holzes*

Hauptkomponenten des Holzes sind mit größenordnungsmäßig gleichen Anteilen (Tab. 3) Cellulose, unterschiedliche Begleitpolysaccharide, wie Xylane, Arabogalactan oder Glucomannane, und das Lignin. Hinzu kommt eine Reihe sogenannter „akzessorischer" Bestandteile (Tab. 4), die spezielle Eigenschaften des Holzes mitbestimmen, aber auch Ausgangspunkt einer – meist extraktiven – Wertstoffgewinnung, z. B. von Lackrohstoffen, Adhäsiven oder Farbstoffen sind.

Tabelle 3 Zusammensetzung von Fichten- und Buchenholz

	Fichte %	Buche %
Cellulose	45	42
Begleitpolysaccharide (Hemicellulosen)	22	37
Lignin	29	21
Akzessorische Bestandteile	3	3

Tabelle 4 Akzessorische Holzbestandteile

Harze
Pflanzengummen
Farbstoffe
Gerbstoffe
anorganische Salze

Die chemische Primärstruktur der Cellulose als eines linearen β-1-4-Glucans mit Durchschnittspolymerisationsgraden bis zu 20000 im nativen Zustand (Abb. 1) schafft günstige Voraussetzungen zur Ausbildung eines Systems intra- und intermolekularer H-Brücken (Abb. 2) und damit auch zur Ausbildung übermolekularer und fibrillärer Ordnungszustände. Diese fibrilläre Ordnung der in gestreckter Form vorliegenden Celluloseketten stellt einen entscheidenden Faktor für die Werkstoffeigenschaften des Holzes sowie für die Isolierung und Nutzung seiner Cellulosekomponente dar.

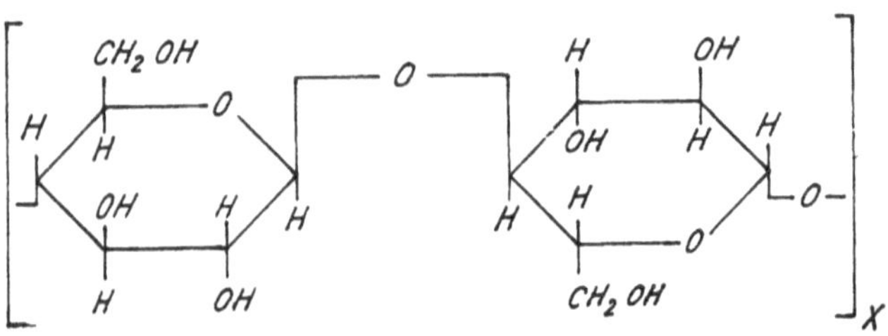

Abb. 1 Formelbild der Cellulose

Die Begleitpolysaccharide oder „Hemicellulosen" des Holzes sind im Vergleich zu Cellulose meist kürzerkettig und oft stärker verzweigt (Abb. 3). Zwischen Cellulose und Hemicellulosen nimmt man heute eine relativ feste, nebenvalente Bindung über starke H-Brücken an, die z.B. eine vollständige extraktive Entfernung von Glucomannan aus Fichtenzellstoff mittels wäßriger Natronlauge verhindern. Der überwiegende Anteil dieser Hemicellulosen wird

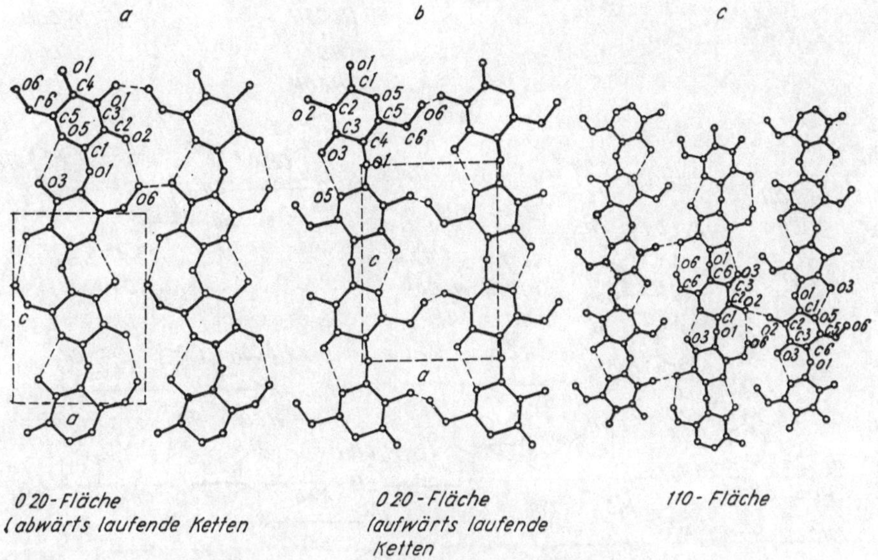

Abb. 2 Schema des Wasserstoffbrückensystems von Cellulose II

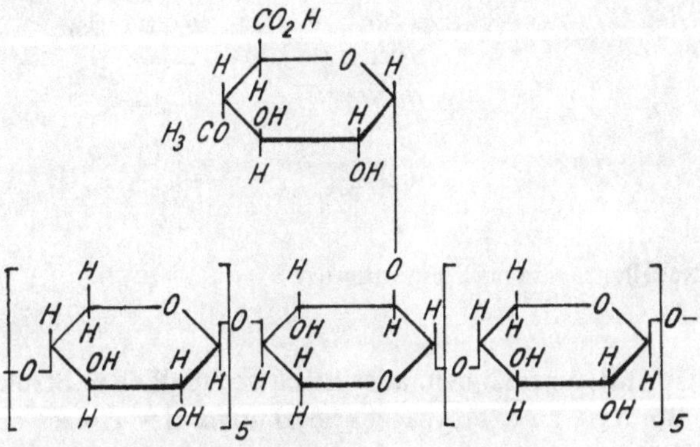

Abb. 3 Formelbild eines verzweigten Birkenxylans

jedoch beim technischen Holzaufschluß, also bei der Zellstoffgewinnung, zu löslichen Bruchstücken abgebaut, die heute erst teilweise als Substrat bei der biotechnologischen Aufarbeitung der Zellstoffablauge genutzt werden.

Das Lignin als dritter Hauptbestandteil des Holzes weist einen völlig anderen Grundkörper als die beiden anderen Komponenten auf, nämlich ein Phenylpropanskelett, wobei die Monomereinheiten über C—C-Bindungen oder über C—O—C—Ätherbrücken zu einem räumlichen Nutzwerk verknüpft sind (Abb. 4). Analog zu anderen vernetzten Polymeren lassen sich für dieses

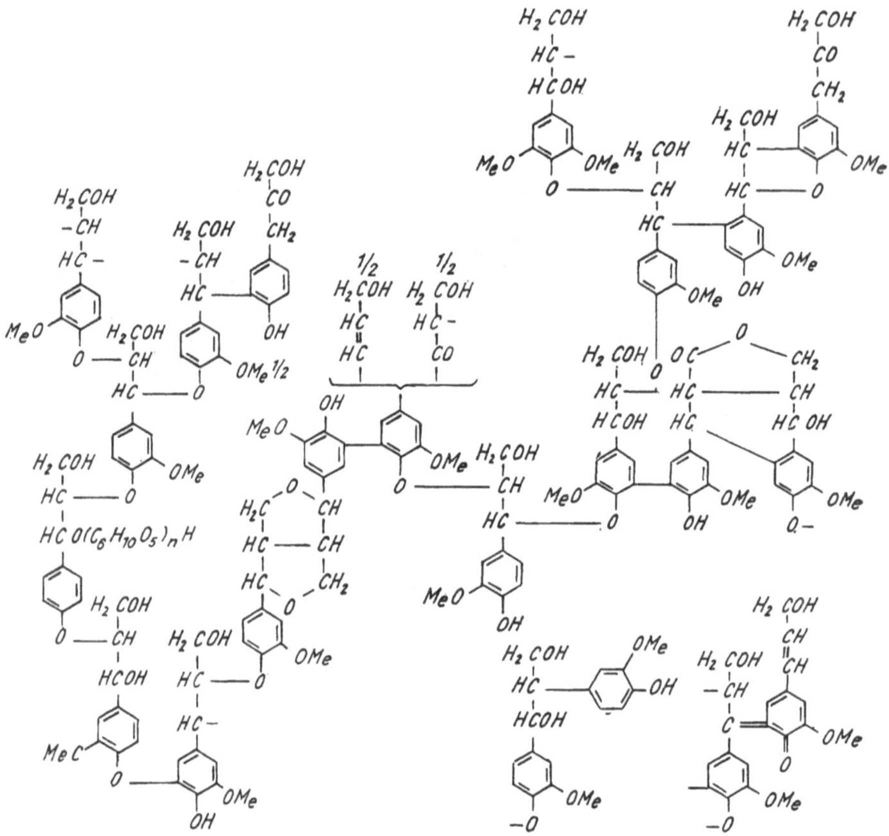

Abb. 4 Formelschema von Nadelholzlignin nach FREUDENBERG

Ligninnetzwerk zwar einige Aufbauprinzipien, aber keine verbindlichen Strukturformeln angeben. Die Bindung zum Polysaccharidkomplex des Holzes erfolgt nach dem heutigen Kenntnisstand über Ätherbrücken zwischen Phenylpropaneinheiten und Hemicellulosen. Außerdem sind nebenvalente Bindungen zwischen Lignin und den Polysaccharid-Komponenten in Betracht zu ziehen. Im Verbund des Holzes nimmt die amorph vorliegende Ligninkomponente Druckbelastungen auf und schützt gleichzeitig den Polysaccharidkomplex vor chemischem oder mikrobiellem Abbau. Eine Isolierung der Cellulosekomponente erfordert in jedem Falle die Zerstörung des Lignin-Netzwerkes unter Bildung löslicher Bruchstücke, und führt bei geeigneter Arbeitsweise zu einem praktisch ligninfreien Polysaccharidanteil, während eine *vollständige* Entfernung des Polysaccharidanteils unter Erhaltung des Ligninnetzwerks in seiner ursprünglichen Form nicht experimentell realisiert werden konnte.

Gerade diese letzten Festellungen weisen auf die Bedeutung topochemischer und morphologischer Faktoren sowohl für die physikalisch-mechanischen Eigenschaften des Verbund-Werkstoffes „Holz", als auch für seine stoffwandelnde Nutzung als Chemierohstoff hin. Wie die folgenden Abbildungen 5 und 6 ver-

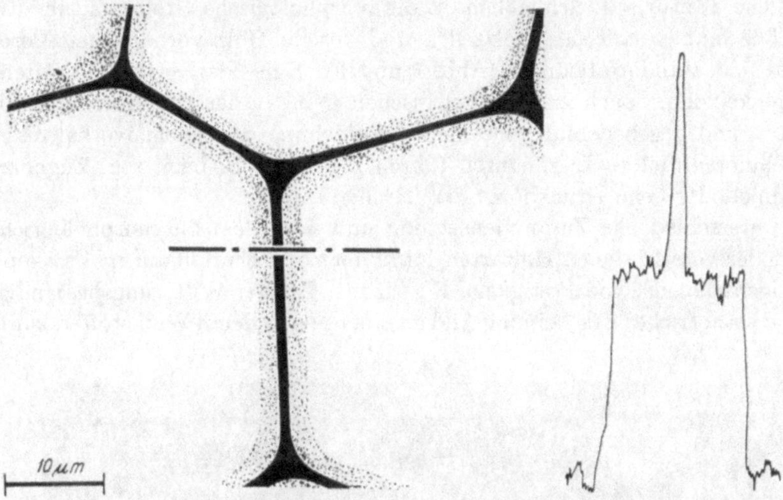

Abb. 5 Veranschaulichung der ungleichmäßigen Ligninverteilung über die Zellwand von Holzzellen
links: UV-mikroskopische Querschnittsaufnahme (stärkste Schwärzung entspricht höchstem Ligningehalt)
rechts: Fotometerkurve im Absorptionsmaximum des Lignins quer zur Wand zwischen zwei benachbarten Holzzellen (Konzentrationsprofil des Lignins)

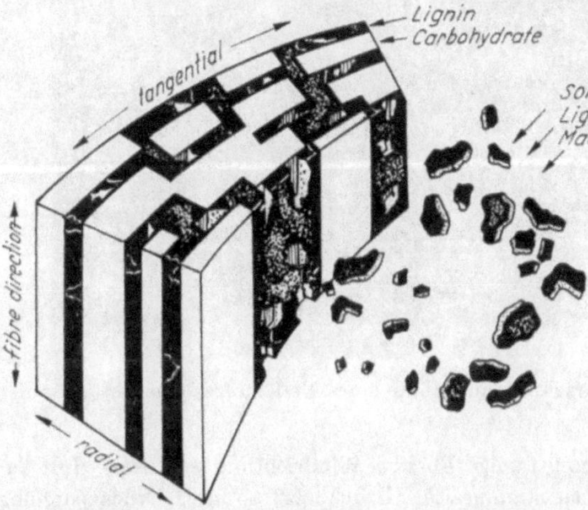

Abb. 6 Schema der Ligninverteilung in der Zellwand einer Nadelholzzelle und der Ligninfragmentierung beim Holzaufschluß nach Goring (1)

anschaulichen, sind Lignin und Polysaccharide ungleichmäßig über die Wand einer verholzten Pflanzenzelle verteilt (vgl. z. B. [1]). Der höchste Ligningehalt liegt in der sog. Mittellamelle zwischen benachbarten Zellen vor. Außerdem weisen die Cellulosefibrillen in den einzelnen Zellwandschichten eine unterschiedliche Textur auf. Schließlich ist die morphologische Grobstruktur, d. h. die Größe und Gestalt der Holzzellen und der im Holz vorhandenen Poren species- und standortabhängig (Abb. 7 und 8). Eine Standorts- und Altersabhängigkeit kann auch im morphologischen Feinbau der einzelnen Holzzelle auftreten und gegebenenfalls zu einer Verschiebung des Mengenverhältnisses von Celluloseanteil zu Ligninanteil führen [2], wie z. B. beim sog. Zugholz* der Pappel oder beim Druckholz* der Lärche (Tab. 5).

Die unterschiedliche Zusammensetzung und vor allem die morphologische Vielfalt der verschiedenen Holzarten führt über den Einfluß auf makroskopische Eigenschaften, wie Festigkeit, Elastizität, Dichte, Witterungsbeständigkeit und ästhetisches Erscheinungsbild zu einer von anderen Werkstoffen kaum

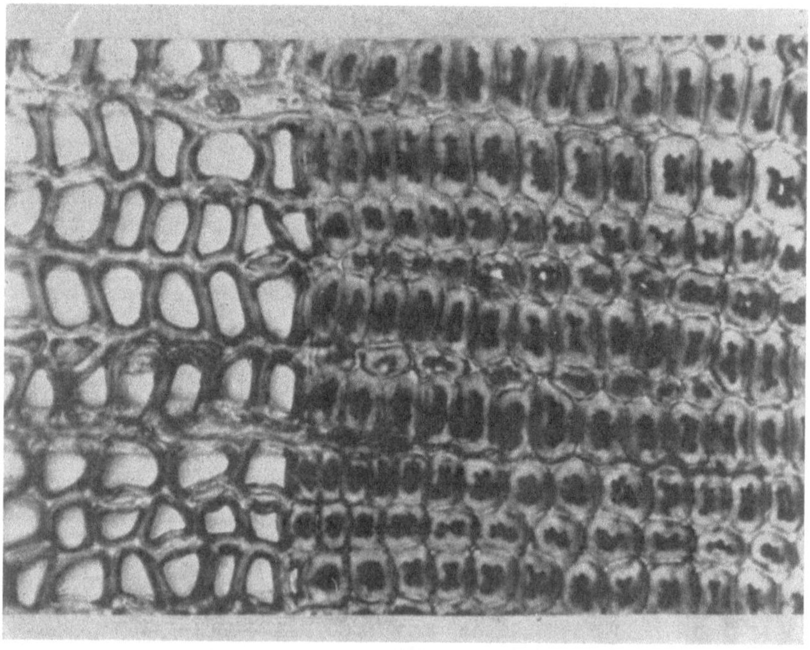

Abb. 7 Lichtmikroskopische Querschnittsaufnahme eines Nadelholzes (Fichte)

* „Zugholz" – unter Zugspannung infolge Vorzugs-Windrichtung gebildetes Holz auf der der Windrichtung zugewandten Stammseite, „Druckholz" – unter Druckspannung infolge Vorzugswindrichtung auf der vom Wind abgewandten Stammseite gebildetes Holz, „Reaktionsholz" – Oberbegriff für Zug- und Druckholz

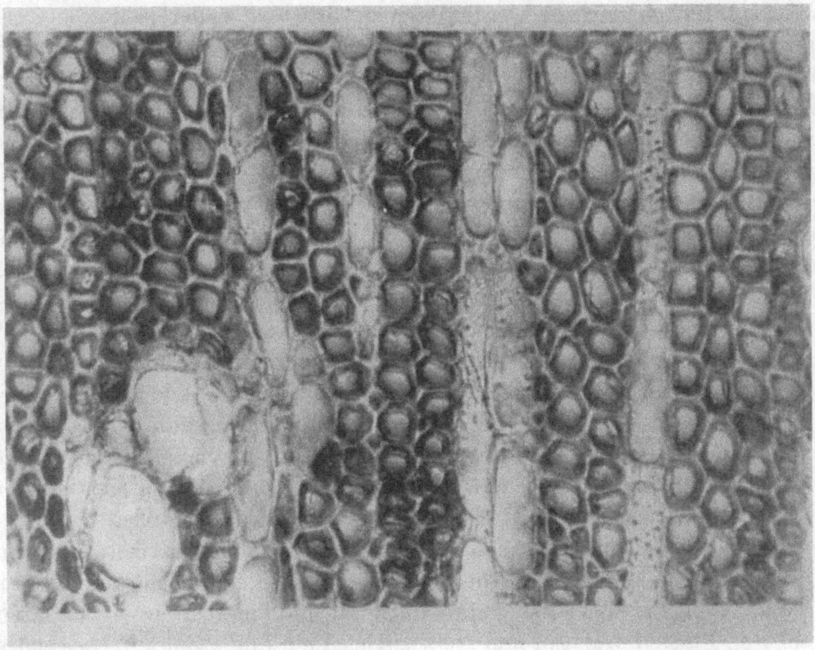

Abb. 8 Lichtmikroskopische Querschnittsaufnahme eines Laubholzes (Kastanie)

Tabelle 5 Zusammensetzung von „Reaktionsholz"

Zugholz der Pappel	
Cellulose	55,9%
Lignin	21,1%
Druckholz der Lärche	
Cellulose	45,9%
Lignin	37,4%

erreichbaren Anpassungsfähigkeit an bestimmte Anwenderforderungen. Andererseits wirft diese chemische und morphologische Variabilität – selbst innerhalb einer Species – bei der Nutzung des Holzes als Chemierohstoff die Frage auf, welche Schwankungen im Ausgangsmaterial bei den heutigen hoch integrierten Produktionslinien toleriert bzw. wie diese Produktionslinien der wechselnden Rohstoffstruktur angepaßt werden können.

4. Richtungen des Holzeinsatzes

Bei allen Richtungen des Holzeinsatzes und der Holzverarbeitung ist zu beachten, daß zwar die Synthese der Lignocellulose energetisch durch das Sonnenlicht abgedeckt wird und daß auch die Komponenten des Holzes Glieder des natürlichen Stoffkreislaufs des Kohlenstoffs sind und unter diesem Aspekt als umweltfreundlich bezeichnet werden können, daß aber andererseits die Bringung und Verarbeitung des Holzes einen verhältnismäßig hohen Energieaufwand erfordern und daß vor allem chemische Prozesse der Holzverwertung erhebliche Abluft- und Abwasserprobleme aufwerfen. Die Suche nach neuen umweltfreundlichen und energiesparenden Verfahrensprinzipien ist daher eine vordringliche Frage an die Forschung.

Der größte Anteil des Holzaufkommens wird nach wie vor als Schnittholz für die Bau- und Möbelindustrie verwendet, während der Einsatz als Grubenholz in unserem Lande nur von geringer Bedeutung ist. Das Schnittholz wird fast ausschließlich in der von der Natur angebotenen Form verarbeitet und – falls erforderlich – einer Oberflächenvergütung unterzogen. Möglichkeiten zur chemischen und/oder physikalischen Strukturmodifizierung und damit zur Veränderung der makroskopischen Werkstoffeigenschaften, wie z.B. die Herstellung von Preß- und Biegeholz, oder die Einpolymerisation synthetischer Monomere in das Porensystem des Holzes wurden zwar vielfältig untersucht und patentrechtlich geschützt, spielen aber auf Grund der hohen Kosten oder der sehr speziellen Einsatzgebiete bisher eine untergeordnete Rolle.

Wachsende Bedeutung gewinnen Schicht- und vor allem Partikelwerkstoffe aus Holz. Die Herstellung von Span- bzw. Faserplatten ermöglicht den Einsatz von Schwachholz bei hoher Arbeitsproduktivität und innerhalb weiter Grenzen vorgebbaren Plattenformaten und stellt zugleich ein in die Zukunft weisendes Beispiel der Kombination natürlicher und synthetischer Polymere auf dem Werkstoffsektor dar.

Ziel der chemischen Holzverwertung ist in erster Linie die Isolierung der Cellulosekomponente und deren Weiterverarbeitung zu Papier und Pappe sowie zu cellulosischen Chemiefaserstoffen und Cellulosederivaten. Die beim Aufschluß weitgehend abgebauten Hemicellulosen werden teilweise zur Gewinnung von Äthanol und Futterhefe genutzt; für den Ligninanteil steht eine Weiterverarbeitung zu hochveredelten Produkten im technischen Maßstab noch weitgehend aus, wenn auch heute der größte Teil des beim Holzaufschluß zu wasserlöslichen Bruchstücken abgebauten Lignins einer kalorischen Nutzung oder einem Einsatz als Hilfsmittel im Straßenbau bzw. bei der Brikettierung zugeführt wird.

Die energetische Nutzung des Holzes ging im Laufe der letzten 100 Jahre immer weiter zurück und wurde vor allem in der Zeit des Erdölbooms in den 90er Jahren geradezu als „atavistisch“ angesehen. Auf Grund der veränderten Rohstoffsituation gibt es heute allerdings ernst zu nehmende Diskussionen über sogenannte „Energieplantagen“, d.h. einen rationellen Anbau schnell wachsender Hölzer für die kalorische Nutzung, und man befaßt sich auch bereits mit der ingenieurtechnischen Gestaltung moderner Verbrennungsanlagen für Holz [3]. Für die DDR als holzarmes Land mit stark entwickelter Holzverarbeitungsindustrie dürfte allerdings diese Einsatzrichtung in der absehbaren Zukunft nicht in Frage kommen.

Im Zusammenhang mit dem Holzeinsatz sei abschließend auf die sozusagen „zeitlose Wichtigkeit" akzessorischer Holzbestandteile hingewiesen, angefangen von den schon im Altertum bekannten Pflanzenfarbstoffen aus Holz über die verschiedenen Harze und Balsame als hochwertige Handelsprodukte des Mittelalters bis hin zu den Phytosterinen als Gegenstand heutiger Forschung und Entwicklung, die zwar in keiner Holzbilanz zu Buche schlagen, aber bei einer komplexen Nutzung des Holzes auch in den kommenden Jahrzehnten Bedeutung haben werden, ebenso wie die Jahrhunderte alte, aber stoffwirtschaftlich auch heute wichtige „Lebendharzung" in unseren Nadelwäldern. Diese Lebendharzung stellt unsere Forstwirtschaft heute vor schwierige Aufgaben, indem es sich bei dem Rohprodukt „Harz" um relativ große, von unserer Volkswirtschaft dringend benötigte Mengen handelt, für die aufwendige Gewinnung aber nicht die notwendigen Arbeitskräfte zur Verfügung stehen (vgl. Produktionszahlen in Tab. 6).

Tabelle 6 Harzgewinnung in der DDR

1950	4160 to
1960	15420 to
1970	12800 to
1978	11830 to

5. Entwicklungslinien und einige Ergebnisse der Holz- und Celluloseforschung

Vor dem Hintergrund der Forderungen nach
- einer Erhöhung der Raum-Zeit-Ausbeute bei der Holzproduktion;
- einer weiteren Rationalisierung der überwiegend mechanischen Arbeitsgänge bei der Bringung, Zerkleinerung und Primär-Verarbeitung von Holz;
- einer besseren stoffwirtschaftlichen Nutzung der Holzsubstanz zur Gewinnung hochveredelter Produkte

lassen sich heute vor allem folgende Hauptlinien der Holzforschung erkennen:
- Arbeiten zum tieferen Verständnis der Struktur und Bildungsweise der Lignocellulose des Holzes sowie zur Beeinflussung der Biosynthese der Holzsubstanz;
- Arbeiten zur energetischen Rationalisierung der Trenn- und Zerkleinerungsprozesse sowie der Trocknungsprozesse bei der Verarbeitung des Holzes;
- Arbeiten zur Kombination von Holz und Holzprodukten mit anderen Stoffen bei der Gewinnung von Werkstoffen, wobei vor allem den Fragen der Oberflächenbindekräfte und den Adhäsionsphänomenen große Bedeutung zukommt, aber auch die Suche nach neuen Wegen der Holzvergütung und nach neuen Prinziplösungen zur Produktion von Holzwerkstoffen zahlreiche Fragen an die Forschung stellt;

- chemische und verfahrenstechnische Arbeiten zur rationellen umweltfreundlichen Isolierung der Cellulosekomponente des Holzes unter gleichzeitiger Gewinnung von Ligninbruchstücken in weiterverarbeitbarer Form;
- Arbeiten zur weiteren Veredelung der beim Holzaufschluß anfallenden Primärprodukte, d.h. der Cellulose, des abgebauten Lignins sowie der akzessorischen Holzinhaltsstoffe;
- Arbeiten zur rationellen und weitergehenden Nutzung von Sekundärrohstoffen und Abfallprodukten der Holzindustrie.

Neben diesen vorwiegend naturwissenschaftlich-technisch orientierten Aufgabenrichtungen stehen aus der Sicht unserer Volkswirtschaft die nur in interdisziplinärer Zusammenarbeit zwischen Natur- und Gesellschaftswissenschaftlern zu lösenden Fragen nach der zweckmäßigen Neuformierung unserer gesamten Sekundärrohstoffwirtschaft einschließlich der Transport- und Lagerungsprozesse und der Klärung offener Probleme der Nutzungsökonomie des Holzes vor uns. Hierher gehören auch Fragen der Werkstoffsubstitution und des Werkstoffaustausches.

Einige ausgewählte Beispiele aus der internationalen Fachliteratur sollen die oben gegebene stark schematisierte und abstrahierte Aufzählung etwas untersetzen und veranschaulichen, bevor dann auf einige Ergebnisse und Probleme der Holz- und Celluloseforschung in unserem Lande eingegangen wird.

So stellen heute Fragen der Biogenese der Lignocellulose des Holzes einen Forschungsschwerpunkt dar. Man kennt zwar den Aufbaumechanismus des Ligninnetzwerkes, der eine Folge enzymatischer Dehydrierungen und Kondensationen darstellt, und man verfügt auch über Möglichkeiten, sowohl enzymatisch als auch mit präparativen Methoden der organischen Chemie, Polysaccharide, wie die β-1,4-Glucankette der Cellulose zu synthetisieren. Weitgehend offen ist jedoch die wissenschaftlich und praktisch gleichermaßen interessante Frage, wie es gleichzeitig mit der Biosynthese der Glucankette zum Aufbau der fibrillären Struktur der Cellulose kommt. Diskutiert wird eine definierte sterische Anordnung bzw. räumlich definierte Relativbewegung von Reaktanten und Reaktionsort in den entsprechenden Zellorganellen [4], wobei die Biosynthese fibrillärer Cellulose zugleich ein überzeugendes Beispiel für die Syntheseleistung komplexer Systeme und damit eine Herausforderung an die Synthesechemie der 80er und 90er Jahre darstellt.

Bemühungen zur Erhöhung der Holzausbeute und zur Beeinflussung des Cellulose-Lignin-Verhältnisses können daher heute noch nicht auf einer Kenntnis der Elementarprozesse der Biosynthese des Holzes aufbauen, sondern müssen auf phänomenologisch-experimenteller Basis entwickelt werden. Schlagwortartig seien hier genannt die erfolgreichen Bemühungen zur Wachstumsbeschleunigung von Nadelholzsämlingen durch Wachstums-Stimulatoren und symbiontische Mikroorganismen, die in der Praxis nachgewiesene Ertragssteigerung bis auf etwa 150% durch Forstdüngung und die sich abzeichnende

Möglichkeit einer Ertragssteigerung durch Fortschritte der Forstgenetik bis hin zur Beeinflussung des Lignin-Polysaccharid-Verhältnisses [5].

Auf die ingenieurtechnischen und verfahrenstechnischen Bemühungen zur energetischen Rationalisierung der Trenn- und Zerkleinerungsprozesse kann hier nur nochmals summarisch hingewiesen werden. Ausdrücklich erwähnt sei jedoch ein sich aus Forschungsarbeiten von Eriksson [6] abzeichnender biotechnologischer Weg zur Verringerung des hohen Energieaufwandes bei der Fasertrennung in der Holzschliffindustrie um etwa 30%, indem durch spezielle Mutanten von Weißfäulepilzen vorzugsweise das Ligninnetzwerk der Mittellamelle angegriffen und damit die Bindung zwischen den Holzfasern gelockert wird. Auch bei den vielfältigen Trocknungsprozessen in der Holz-, Zellstoff- und Papierindustrie sind offensichtlich noch Reserven für eine energetische Optimierung vorhanden, wobei vor allem auch unkonventionelle Trocknungsverfahren einer weiteren Prüfung bedürfen.

Bei der Herstellung von Holzpartikelwerkstoffen in Form oberflächenvergüteter Faserplatten und Spanplatten wurden in den letzten Jahren auf Basis intensiver verfahrenstechnischer Forschungen und durch Einsatz geeigneter Polymere für die Oberflächenvergütung international erhebliche Fortschritte in Produktivität und Qualität erreicht. Allerdings scheint diese Entwicklung jetzt einer Grenze zuzustreben, die nur durch neue Impulse aus der Grundlagenforschung überwunden werden kann. Hierbei stehen solche Probleme wie die stärkere Nutzung holzeigener Bindekräfte, der rationelleren Oberflächenvergütung und der Verringerung der spezifischen Einsatzmenge an Holz unter Erhaltung der jetzigen mechanischen Festigkeitswerte im Vordergrund.

Weltweites Interesse finden heute sogenannte schwefelfreie Holzaufschlußverfahren, bei denen die mit dem klassischen Sulfit- und Sulfatzellstoffprozeß verbundene Umweltbelastung wesentlich verringert ist und in manchen Fällen gleichzeitig eine Erhöhung der Zellstoffausbeute und bessere Voraussetzungen für eine chemische Ligninnutzung angestrebt werden. Unter den in Tabelle 7

Tabelle 7 Richtungen schwefelfreier Holzaufschlußprozesse

Alkali-Sauerstoff-Aufschluß
Alkaliaufschluß mit Zusatz von
- Anthrachinose
- Ethylendiamin

nichtwäßrige Aufschlußverfahren

aufgeführten Möglichkeiten ist die Delignifizierung mit elementarem Sauerstoff von besonderem Interesse, die zumindest bei Einjahrespflanzen einen klassischen Aufschluß bereits ersetzen kann und in Form einer Sauerstoffbleiche zur Entfernung des Restlignins nach einem klassischen Holzaufschluß bereits in großem Umfange technisch eingesetzt wird, nicht zuletzt, um eine

Umweltbelastung durch Bleichereiabwässer mit chlorierten Aromaten als Inhaltsstoffen zu vermeiden.

Neue Richtungen einer wertsteigernden Nutzung des beim Holzaufschluß in Höhe von etwa 30% der eingesetzten Holzsubstanz anfallenden Lignins [7] gehen einmal von dem Bestreben aus, das von der Natur vorgebildete Makromolekül soweit als möglich zu erhalten. Sie streben andererseits die Gewinnung definierter niedermolekularer chemischer Stoffe an. Dem ersten Weg sind durch den bei der Isolierung der Cellulose zwangsläufig erfolgenden Abbau des Ligninnetzwerkes und die Vielzahl dabei auftretender unterschiedlicher Spaltstücke Grenzen gesetzt, wenn auch auf Grund neuerer Forschungsergebnisse z.B. des Finnischen Zellstoff- und Papierforschungsinstituts in Helsinki, der Einsatz größerer Ligninmengen für hochwertige Adhäsive zur Sperrholzherstellung möglich erscheint [8]. Dem zweitgenannten Weg, nämlich einem funktionalisierenden Abbau zu definierten niedermolekularen Substanzen als Chemierohstoffen und Zwischenprodukten, sind nach Auffassung des Autors die größeren Chancen einzuräumen. Abbildung 9 veranschaulicht einige Richtungen dieser Wertstoffgewinnung. Über die in unserem Lande auf diesem Gebiet laufenden Arbeiten in der Sektion Forstwirtschaft der TU Dresden wurde vor den Klassen Chemie und Biologie unserer Akademie vor zwei Jahren berichtet, so daß auf diesen inzwischen publizierten Vortrag verwiesen sei [9].

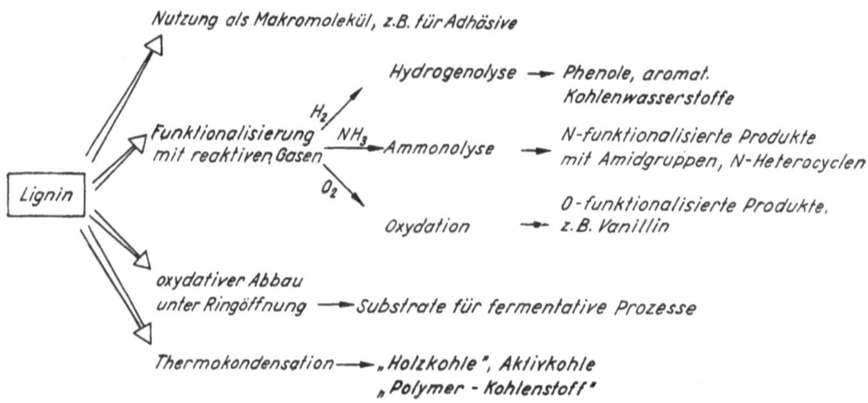

Abb. 9 Wege der Wertstoffgewinnung aus Lignin

Problematisch bei der Gewinnung niedermolekularer Wertstoffe durch Abbau natürlicher Polymere ist in jedem Falle eine rationelle Isolierung und Trennung der Zielprodukte, worauf bereits früher von Voss [10] im Zusammenhang mit dem von ihm aufgezeigten Weg der Gewinnung niedermolekularer Carbonsäuren durch alkalischen Abbau von Polysacchariden hingewiesen wurde. Einen Eindruck von einigen aktuellen Fragestellungen der Grundlagenforschung auf dem Gebiet des Holzes in der DDR vermittelt Tabelle 8, wobei

Tabelle 8 Einige Richtungen der Holzforschung in der DDR

- Holzmorphologie und Werkstoffeigenschaften unter Betonung der Anisotropie des Holzes
- Biotechnologische Verwendung cellulosehaltiger Rohstoffe
- Herstellung, Struktur und Eigenschaften von Holzpartikelwerkstoffen
- Chemische und morphologische Veränderungen von Faserholz für die Zellstoffgewinnung bei Vorbehandlung mit energiereicher Strahlung
- Rationelle Faserstoffnutzung in der Papierindustrie durch Recycling von Altpapier und Einsatz chemischer Hilfsmittel
- Gewinnung niedermolekularer Wertstoffe aus Lignin durch funktionalisierenden Abbau und thermische Zersetzung
- Weiterveredelung der Cellulosekomponente des Holzes durch chemische Umsetzung und durch Verformung aus Lösung

sich diese Richtungen auch im Programm des kürzlich in Grillenburg bei Tharandt durchgeführten „3. Internationalen Symposiums über Grundlagenforschung zur komplexen Holznutzung“ widerspiegeln [11].

Stellvertretend für die verschiedenen Richtungen seien hier einige Ergebnisse des Instituts für Polymerenchemie zur Veredelung des nach wie vor wichtigsten Zielproduktes der chemischen Holznutzung, der Cellulose, zusammenfassend dargelegt. Die von Erich Correns mit Arbeiten zur Chemiezellstoffherstellung und von Hermann Klare mit Arbeiten zur Fadenbildung beim Viskosespinnprozeß begründete Celluloseforschung des Instituts verfolgt z.Z. zwei Zielrichtungen, nämlich einmal die Klärung von Kinetik und Mechanismus ausgewählter Heterogenreaktionen der Cellulose in Abhängigkeit von deren physikalischer Struktur und vom Reaktionsmedium, zum anderen die Strukturbildung von Cellulose und Cellulosederivaten aus dem Zustand der Lösung.

So führten Arbeiten über nichtwäßrige Celluloselösungen zur Auffindung einer Reihe neuer nichtwäßriger Lösemittelsysteme, die z.T. auch stark ligninhaltige Cellulose aufzulösen vermögen [12]. Sie führten weiter zu einem Konzept für den Mechanismus solcher Lösevorgänge mit einer EDA-Wechselwirkung zwischen Cellulose und aktiver Lösemittelkomponente als entscheidendem Schritt, und sie führten schließlich auch zu einer Reihe neuer Derivate und neuer Reaktionswege mit dem reaktionsfähigen Cellulosenitritester (Abb. 10) als Zwischenprodukt.

Bei unseren Arbeiten über heterogene Umsetzungen der Cellulose und über die Strukturbildung der Cellulose aus dem Zustand der Lösung bewährte sich eine Zusammenführung von chemischer und morphologischer Betrachtungsweise, bis hin zu erfolgversprechenden Ansätzen einer quantitativen Auswertung licht- und elektronenmikroskopischer Bilder. So lassen sich mit Hilfe eines handelsüblichen Bildauswertegerätes die unterschiedlichen Partikelformen eines Cellulosepulvers unter Anwendung eines im Institut entwickelten

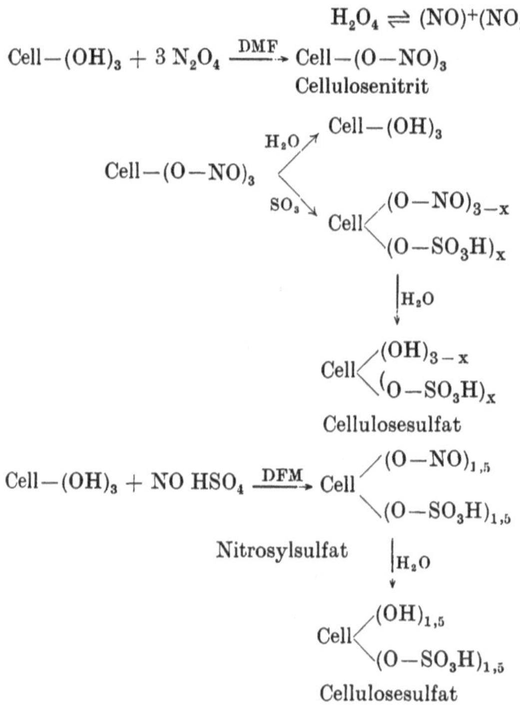

Abb. 10 Bildungsweise und Umsetzungen von Cellulose-Trinitrit

Rechenprogramms in eine begrenzte Anzahl vorgegebener morphologischer Strukturtypen einordnen und innerhalb dieser Typen nach ihrer Größe klassieren, wie die beiden Beispiele in Abbildung 11 ausweisen (Abb. 11a, b). Bei diesen Arbeiten bewährte sich eine enge Kooperation mit Forschungsgruppen an der TU Dresden und an der FSU Jena sowie am ZIPE unserer Akademie.

Abb. 11 Lichtmikroskopische Aufnahme von zwei verschiedenen Cellulosepulvern und Ergebnisse der quantitativen Bildauswertung

a) grobpartikuläres Pulver mit vorwiegend faserförmigen Partikeln

Gesamtpartikelzahl	191, davon
Ellipsoide	131
„Würmer“ und „Sterne“	5
„Popkorns“	55

b) Cellulosepulver mit vorwiegend globulärer Struktur

Gesamtpartikelzahl	68, davon
Ellipsoide	26
„Würmer“ und „Sterne“	24
„Popkorns“	19

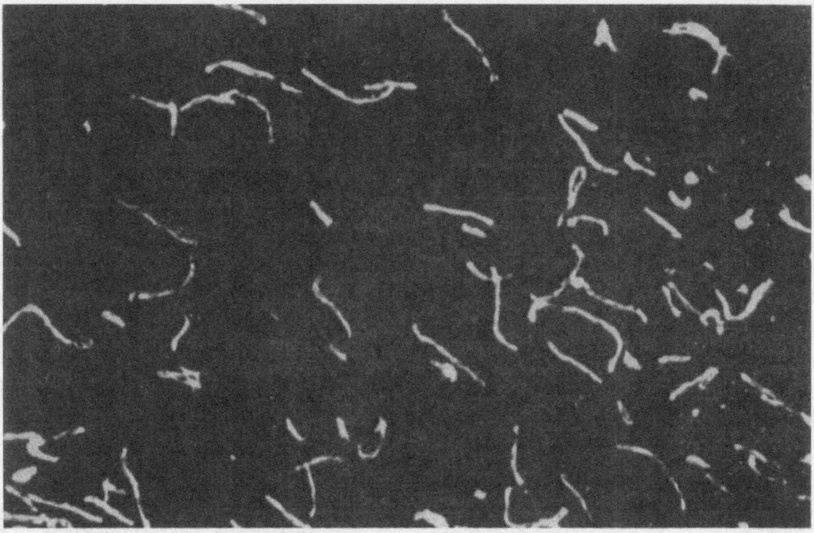

Abb. 11a

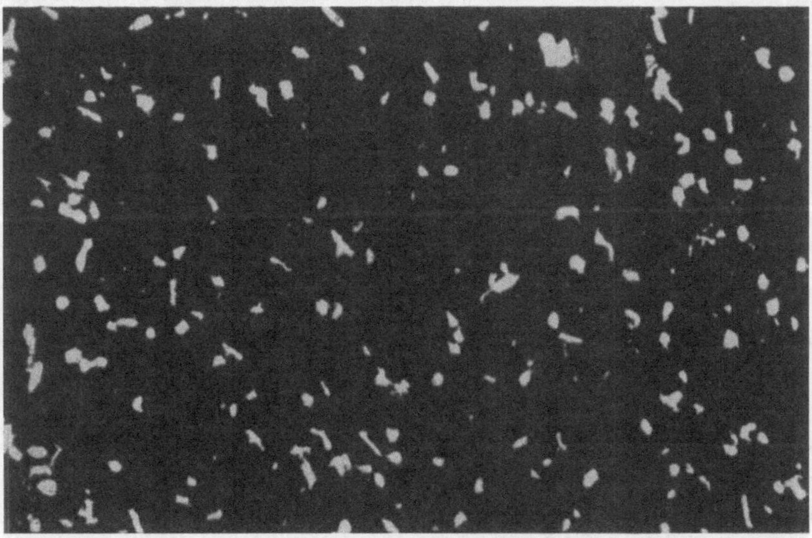

Abb. 11b

Geschwindigkeit und erreichbarer Umsetzungsgrad bei im heterogenen System ablaufenden Cellulosereaktionen [13] können wesentlich von der physikalischen Struktur des eingesetzten Cellulosematerials, d.h. vom übermolekularen Ordnungszustand und von der Morphologie abhängen. Nach unseren in letzter Zeit erhaltenen Ergebnissen darf dieser Struktureinfluß jedoch nicht verabsolutiert werden, sondern muß stets in Verbindung mit der jeweiligen Umsetzung gesehen werden, und zwar insbesondere in Verbindung mit der im Reaktionssystem auftretenden Quellung und dem Molvolumen des angreifenden Reagens. Tabelle 9 veranschaulicht dies anhand der relativen RGK-Werte bei Modellversuchen mit streng heterogener und streng homogener Reaktionsführung für verschiedene Umsetzungen der Cellulose. Die Geschwindigkeitsdifferenz zwischen homogenem und heterogenem Reaktionsablauf und damit der Einfluß der übermolekularen Ordnung steigt offensichtlich mit abnehmender Quellung im Reaktionsmedium.

Tabelle 9 Relative Reaktionsgeschwindigkeitskonstanten

Reaktionen	Quellungs-zustand	heterogene Reaktion	homogene Reaktion
Carboxymethylierung	hoch	50	100
Cyanethylierung	mittelhoch	10...25	100
enzymatische Hydrolyse	sehr gering	0,01	100

Größere Möglichkeiten zur Beeinflussung des Reaktionsablaufs als eine Variation der physikalischen Cellulosestruktur bieten nach unseren Erfahrungen für eine Reihe von Heterogenreaktionen der Cellulose die Medieneffekte im weitesten Sinne. Wie Abbildung 12 am Beispiel der Carboxymethylierung eines Cellulosepulvers veranschaulicht, kann der unter bestimmten Bedingun-

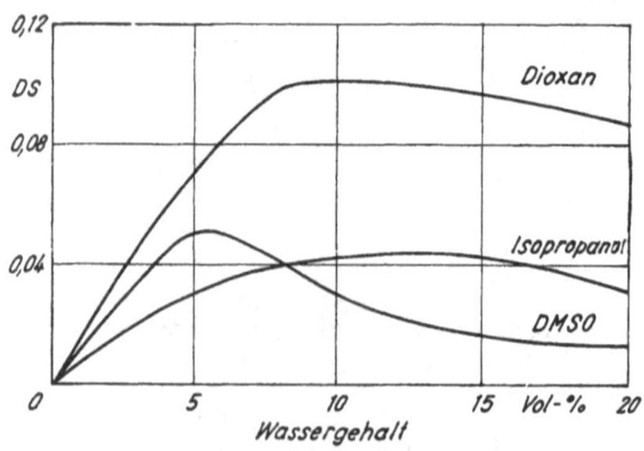

Abb. 12 Einfluß des Reaktionsmediums auf den unter sonst konstant gehaltenen Reaktionsbedingungen gefundenen Verätherungsgrad eines Cellulosepulvers bei der Carboxymethylierung

gen erreichbare Verätherungsgrad durch Art und Zusammensetzung eines geeigneten teilnichtwäßrigen Reaktionsmediums im Vergleich zum reinwäßrigen Medium auf ein Mehrfaches erhöht werden, wobei der im System vorliegende Wassergehalt offensichtlich eine große Bedeutung hat. Ein solcher Wechsel des Reaktionsmediums ist oft gleichzeitig mit entscheidenden Veränderungen in der morphologischen Struktur des Reaktionsproduktes verbunden (Abb. 13).

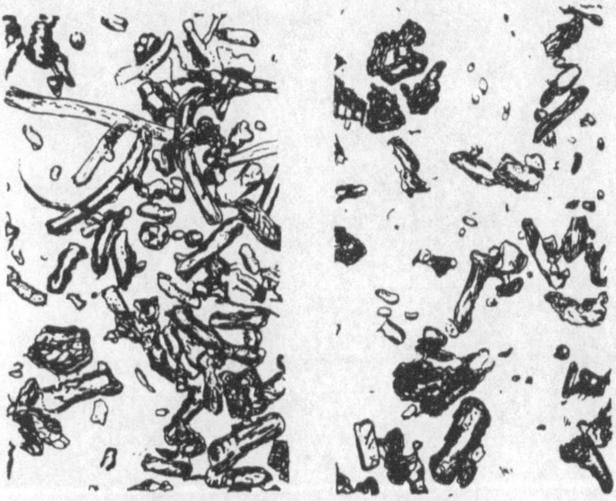

Abb. 13 Einfluß des Reaktionsmediums auf die morphologische Struktur des Reaktionsproduktes, dargestellt am Beispiel der Carboxymethylierung eines Cellulosepulvers
links: wäßriges Reaktionsmedium
rechts: wäßrig-alkoholisches Reaktionsmedium

Für eine noch am Anfang stehende Interpretation solcher Medieneffekte gehen wir von der Vorstellung aus, daß neben dem Medieneffekt im klassischen Sinne, d.h. einer direkten Reaktivitätsbeeinflussung eines oder mehrerer Reaktionspartner durch Wechselwirkung mit dem Medium, zusätzlich die beiden Faktoren einer Quellwertsveränderung und damit einer Beeinflussung der Transportschritte, sowie einer veränderten Reaktantenverteilung und damit einer Aktivitätsveränderung am Reaktionsort eine wichtige Rolle spielen.

Im Rahmen der Celluloseforschung des Instituts wurde gemeinsam mit verschiedenen Kooperationspartnern eine Reihe von Celluloseerzeugnissen entwickelt, die z.T. bereits produziert werden. So haben die vom Kombinat Zellstoff und Papier gemeinsam mit dem Institut entwickelten hydrolytisch abgebauten Cellulosepulver [14], die heute im Pilotmaßstab im Werk Weißenborn produziert werden, bereits einen festen Platz als galenisches Hilfsmittel in unserer pharmazeutigen Industrie gefunden.

Mit den z.Z. im Institut im Versuchsmaßstab produzierten Celluloseacetat-Flächenmembranen wurden den verschiedensten Anwenderbereichen, z.B. der

Wasserwirtschaft, der Nahrungsgüterwirtschaft und der biotechnischen Industrie synthetische Membranen aus DDR-Aufkommen zur Verfügung gestellt. Die asymmetrisch aufgebaute Porenstruktur (Abb. 14) solcher Membranen ermöglicht die Durchführung von speziellen Trennprozessen [15].

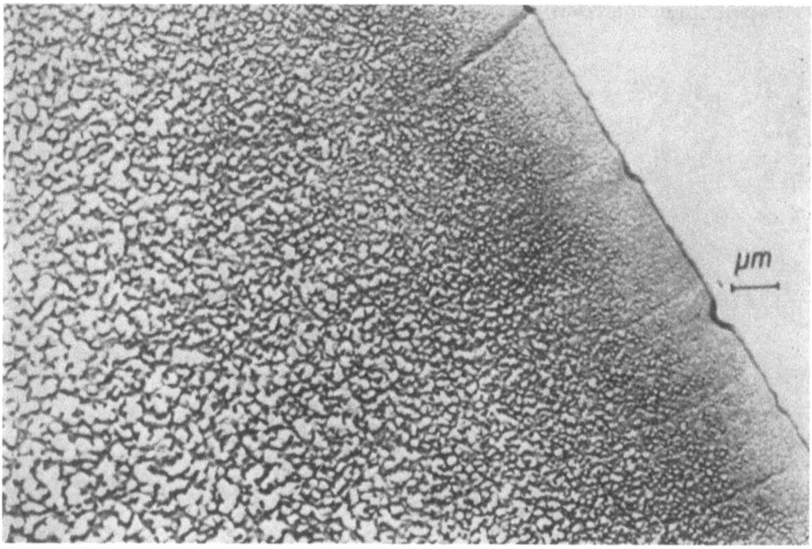

Abb. 14 Asymmetrische Porenstruktur einer Celluloseacetatmembran (elektronenmikroskopische Querschnittsaufnahme)

Eine andere, ebenfalls durch eigene Schutzrechte gesicherte Entwicklung sind die nach einem modifizierten Viskoseverfahren hergestellten Cellulosehohlfäden, deren Produktion im Laufe der nächsten Jahre aufgenommen werden soll, um über Hohlmembranen für die Hämodialyse, d.h. für die sogenannte künstliche Niere (Abb. 15 u. 16) zu verfügen. Auch hier kommt es zur Sicherung der erforderlichen Qualitätskonstanz wie auch zur Entwicklung eines ausreichend breiten Sortiments auf die Beherrschung des Wechselspiels zwischen chemischen und physikochemischen Parametern des Viskosier- und Spinnprozesses einerseits, der morphologischen Struktur des Regeneratfadens andererseits an. Die Variabilität der Trenn- und Permeationseigenschaften der Hohlmembran wird allein über eine Beeinflussung dieser morphologischen Struktur erreicht; in chemischer Hinsicht liegt stets eine unsubstituierte Cellulose in der Gittermodifikation der Cellulose II vor (vergl. [16]).
Zum Abschluß dieser Darstellung sei nochmals betont, daß hier nur ein eng begrenzter und subjektiv ausgewählter Ausschnitt aus den bisher erzielten Ergebnissen und den in den kommenden Jahren zu bewältigenden Aufgaben der Holz- und Celluloseforschung in unserem Lande gegeben werden konnte.

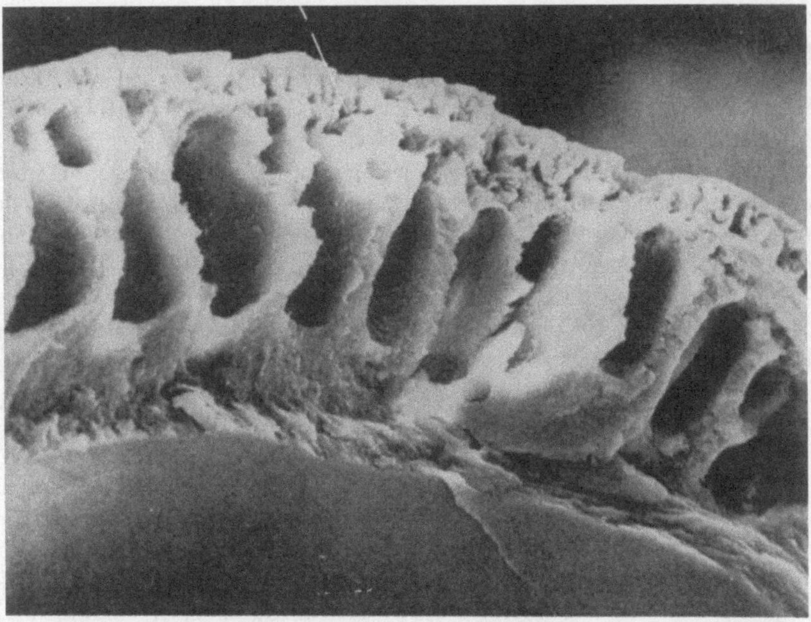

Abb. 15 Rasterelektronenmikroskopische Querschnittsaufnahme eines Cellulosehohladens

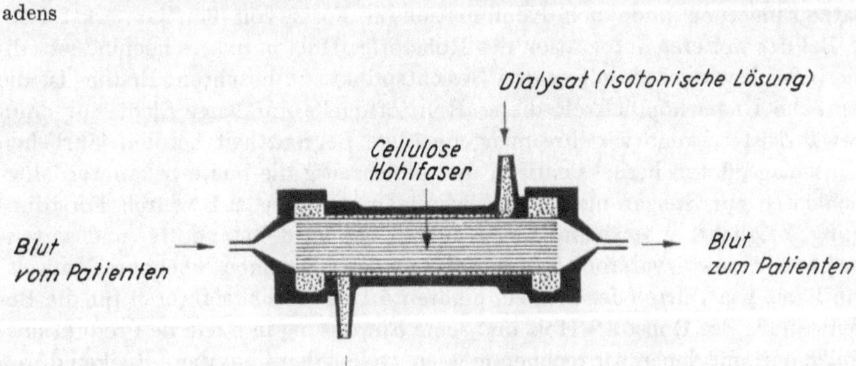

Abb. 16 Schematische Darstellung eines Hohlfaserpermeators

6. *Schlußbemerkungen*

In diesem Vortrag sollte vor allem gezeigt werden, welch vielfältige Einsatz- und Nutzungsmöglichkeiten sich aus der komplexen und variablen Struktur des Holzes ergeben und wie eng in einer Zeit wachsender Rohstoff- und Energieprobleme die rationelle Nutzung der Ressource „Holz“ mit Fortschritten der wissenschaftlichen Forschung gekoppelt ist. Dabei stellt die Holzforschung geradezu ein Schulbeispiel für das Zusammenwirken der verschiedenen Disziplinen und für die fließenden Übergänge zwischen Grundlagen- und angewandter Forschung dar.

Bezugnehmend auf den Titel dieses Vortrages kann festgestellt werden, daß auf absehbare Zeit das Holz tatsächlich eine unerschöpfliche Rohstoffquelle für eine zahlenmäßig weiter wachsende Weltbevölkerung darstellen kann, wenn es gelingt, in einem friedlichen Zusammenwirken der Völker diese Rohstoffquelle überregional rationell zu nutzen.

Aus der Sicht unserer Volkswirtschaft kann gesagt werden, daß neben der Braunkohle und den Salzlagerstätten unser Wald die dritte wesentliche Rohstoffquelle unseres Landes ist. Im Gegensatz zur sich allmählich erschöpfenden Braunkohle stellt dieser Wald eine sich ständig erneuernde und damit bei rationeller Pflege und Nutzung auch für unser Land zeitlich unerschöpfliche Rohstoffquelle und so zugleich eine sichere Bank für die Bereitstellung der in unserer Volkswirtschaft benötigten Werkstoffe und chemischen Grundstoffe dar. Es besteht also aus dieser Sicht keine Veranlassung, die Anfang der 70er Jahre viel diskutierten Substitutionsbestrebungen von Holz durch synthetische Polymere in absehbarer Zeit wieder aufzugreifen. Notwendig und zweckmäßig erscheint hier vielmehr eine gegenseitige Ergänzung und Einsatzoptimierung und auch Kombination in Form von Partikelwerkstoffen.

Bei der weiteren Integration des Rohstoffes Holz in unsere hochindustrialisierte Volkswirtschaft gilt es drei Gesichtspunkte zu beachten: Erstens ist die zeitliche Unerschöpflichkeit dieser Rohstoffquelle auf lange Sicht nur dann gewährleistet, wenn wir ihre mengenmäßige Begrenztheit bei den jährlichen Einschlagsquoten berücksichtigen und gleichzeitig die heute bekannten Möglichkeiten zur Steigerung der jährlichen Zuwachsrate, z.B. durch Forstdüngung, möglichst intensiv nutzen. Zweitens stellen die standorts- und sortenbedingte Strukturvariabilität des Holzes, aber auch unberechenbare Umwelteinflüsse, wie Dürre oder Schnee, inhärente Unsicherheitsfaktoren für die Bereitstellung des Rohstoffs Holz und seine Einpassung in moderne Produktionslinien dar, mit denen wir rechnen müssen, wobei allerdings diese Risiken durch verantwortungsvolle Planung und durch künftige Ergebnisse der Holzforschung gemindert werden können. Drittens schließlich muß die bestehende Kluft zwischen Bedarf an Holz und Holzprodukten und verfügbarem Eigenaufkommen verringert werden, indem wir den Nutzungsgrad unserer Wälder weiter steigern, indem wir den Veredelungsgrad und den Gebrauchswert und damit in vielen Fällen die Lebensdauer der aus diesen Wäldern gewonnenen Erzeugnisse erhöhen, und indem wir die gesamte Sekundärrohstoff-Wirtschaft im Reproduktionskreis Holz neu durchdenken, rationeller gestalten und straffer organisieren.

Eine Berücksichtigung dieser Randbedingungen, die sozusagen den Preis für die kontinuierliche Nutzung dieser „lebenden Ressource" darstellt, trägt nicht nur zur langfristigen Sicherung unserer Rohstoffbasis bei, sondern gewährleistet zugleich auf lange Sicht die Erhaltung der ökologischen, kulturellen und sozialen Funktion unserer Wälder.

Literatur

[1] Goring, D. A. I.; Vuong, R. u.a.: J. appl. Polymer Sci. **24** (1979) 931–936.
Goring, D. A. I.; u. Fergus, B. J., in: „Lignins" Ed. by K. V. Sarkanen und C. H. Ludwig, Wiley-Interscience 1971, S. 51.

[2] Casperson, G.: Faserforsch. u. Textiltechnik **10** (1959) 536–541.
Casperson, G.; u. Philipp, B.: Faserforsch. u. Textiltechnik **20** (1969) 61–70.

[3] Heck, H.-D.: Bild der Wissenschaft **17** (1980) 5, 46–59.

[4] Tinell, T.: Plenarvortrag IUPAC-Kongreß Helsinki 1979.

[5] Marton, J.; u. Hunger, G.: Papier **33** (1979) 10 A, S. V21–V27.

[6] Eriksson, K. E.: Hauptvortrag IUPAC-Kongreß Helsinki 1979.

[7] Sarkanen, K. V.: Hauptvortrag IUPAC-Kongreß Helsinki 1979. Wienhaus, O.; Schiene, R.; u. Fischer, F.: Zellstoff u. Papier **29** (1980) 125–128.

[8] Forss, K.; u. Fuhrmann, A.: Paperi ja Puu **58** (1976) 11, 817–824.

[9] Fischer, F.: Sitzungsberichte AdW der DDR **17 N** (1979) 26–43.

[10] Voss, W.: Sitzungsberichte der AdW der DDR, Klasse für Chemie, Geologie und Biologie, Heft 1, Akademie-Verlag Berlin 1962.

[11] 3. Internat. Symposium über Grundlagenforschung zur komplexen Holznutzung, Grillenburg 29. 9.–3. 10. 80. Tagungsband in Vorbereitung.

[12] Alsleben, H.; Philipp, B.; u. Schleicher, H.: Zellstoff u. Papier **22** (1973) 2, 43–44.

[13] Philipp, B.: Z. Chemie **19** (1980) 12, 433–441.

[14] Philipp, B.; u. Steege, H.-H.: Papier **30** (1976) 12, 501–509.

[15] Alsleben, H.; Philipp, B.; u. Schleicher, H.: Zellstoff u. Papier **22** (1973) 2, 43–44.

[16] Philipp, B.: Z. Chemie **19** (1980) 12, 433–441.

Friedrich Fischer

Die Pyrolyse als aussichtsreiche Methode zur Verwertung lignocellulosehaltiger Biomasse

Die Pyrolyse von Holz und anderen lignocellulosehaltigen Materials zur kommerziellen Gewinnung von Chemikalien und Heizöl wird von manchen Fachleuten auf dem Gebiet der technischen Chemie für wenig erfolgversprechend gehalten. Aber durch die jüngste Entwicklung hat sich die Situation wesentlich geändert. Tatsächlich eröffnet die Pyrolyse einen schnelleren und erfolgversprechenden Weg für die Nutzung von lignocellulosehaltiger Biomasse in größerem Umfang als andere Verwertungsmethoden. Darauf weist eine ganze Reihe von Ergebnissen der Grundlagenforschung hin, die in jüngster Zeit erarbeitet worden sind.

1. *Pyrolyse ohne Katalysatoren* (Abb. 1) [1]

Die thermodynamischen Reaktionen der *Cellulose* sind sehr komplex. Von 150° bis 200 °C beobachtet man schwach endotherme Veränderungen der übermolekularen Strukturen: geordnete Bereiche gehen in amorphe über, und ein teilweiser Abbau der makromolekularen Ketten tritt ein. Diese Veränderungen haben zur Folge, daß die enzymatische Hydrolyse von Cellulose, die zuvor über acht Stunden auf 170 °C unter Stickstoff erhitzt worden ist, deutlich schneller abläuft, als es bei unbehandelter Cellulose beobachtet wird (Abb. 2) [2]. Eine weitere, aber nun stark endotherme Reaktion der Cellulose tritt zwischen 310° und 320 °C auf. In diesem Temperaturintervall liegt das Maximum der Bildung von Levoglucosan, das dann ab 350 °C stark exotherm zu zerfallen beginnt, zunächst mit bevorzugtem Auftreten von H_2O und CO_2, dann bis 400 °C unter Bildung von Acetaldehyd, Essigsäure, Diacetyl, 1-Hydroxypropan und schließlich um 400° CO. Oberhalb von 400 °C entstehen Kohlenwasserstoffe und bei etwa 600 °C beginnt die Verkokung. Diese Befunde werden durch die Bestimmung der Ausbeute von Levoglucosan in Abhängigkeit von der Pyrolysetemperatur erhärtet (Abb. 3) [2]. Weitergehende Untersuchungen über die Bildung von Levoglucosen bei der Pyrolyse von Cellulose sind deshalb lohnend, weil sich hier ein Weg zur Glucosegewinnung abzeichnet: Durch Vakuum-Pyrolyse von Cellulose bei 1,5 mbar, 425 °C, unter Stickstoff, in einer

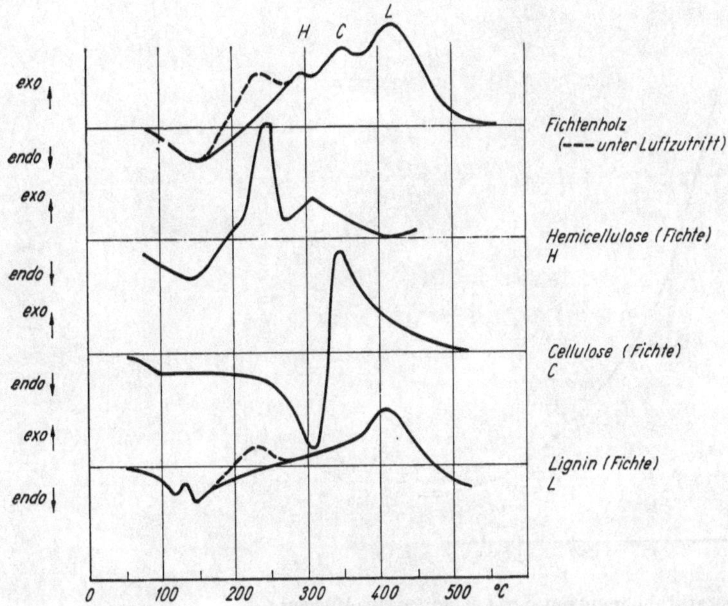

Abb. 1 DTA-Kurven von Holz, Hemicellulose, Cellulose und Lignin (Fichte) unter Luftabschluß und bei beschränktem Luftzutritt

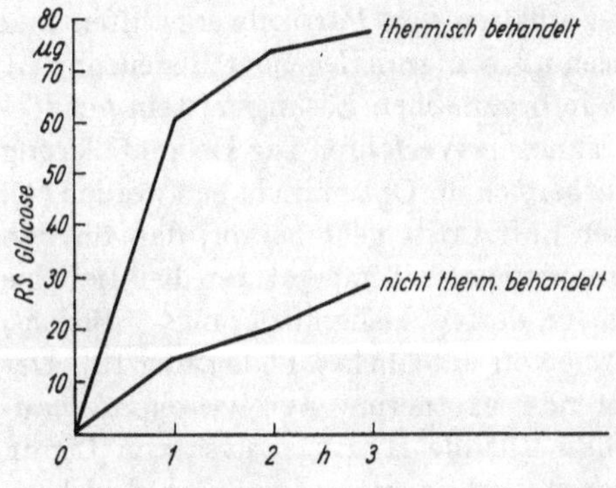

Abb. 2 Enzymatische Hydrolyse von Cellulose in Abhängigkeit von thermischer Einwirkung

Reaktionszeit von 3 Minuten entsteht in 78prozentiger Ausbeute ein Teer, der zu 80% aus Levoglucosan besteht, das dann bei 97°C mit verdünnter Säure in 2,5 Stunden zu 70% in Glucose übergeführt werden kann. Insgesamt ist bei diesem Prozess die Glucose-Ausbeute um 50% höher als bei der herkömmlichen technischen Holzhydrolyse mit Säuren [2].

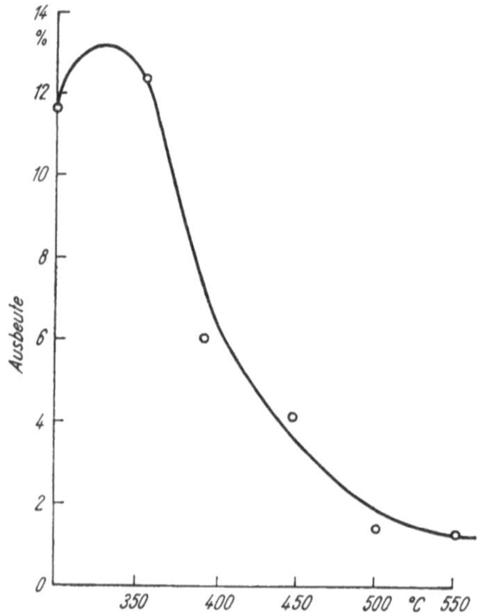

Abb. 3 Temperaturabhängigkeit der Levoglucosan-Ausbeute

Lignin wird im Bereich zwischen 120° und 150 °C plastisch. Damit geht eine sprunghafte Abnahme der Festigkeitseigenschaften des Holzes einher, eine Erkenntnis, die für das rheologische Verhalten von Partikelwerkstoffen und für den thermomechanischen Holzaufschluß von grundlegender Bedeutung ist (Abb. 4) [3]. Das plastische Lignin ist in organischen Lösungsmitteln gut löslich. Also kann man erwarten, daß Organosolv-Verfahren zur Delignifizierung von Holz in dem genannten Temperaturbereich ihr Optimum haben werden [4]. Aus der DTA-Kurve des Lignins unter Luftzutritt geht hervor, daß für den Ablauf von Oxidationsreaktionen die günstigsten Temperaturen bei 190° bis 250 °C liegen. Dieser Befund ist für oxidative Delignifizierungs-, Bleich-, Degradations- und Hydrolyse-Verfahren von erheblicher Bedeutung [5]. Der bei 380° bis 400 °C verstärkt auftretende exotherme pyrolytische Abbauprozess hat sich als Temperaturoptimum für die Hydrogenolyse von Lignin zu Phenolen erwiesen, deren vermutlicher Reaktionsablauf auf Grund bisheriger Erfahrungen neben der Dealkoxylierung mit den Stufen Etherspaltung und Dehydroxylierung der phenolischen Hydroxylgruppe auch die Möglichkeit der unmittelbaren Dealkoxylierung und Isomerisierung mit einschließt (Abb. 5) [6].

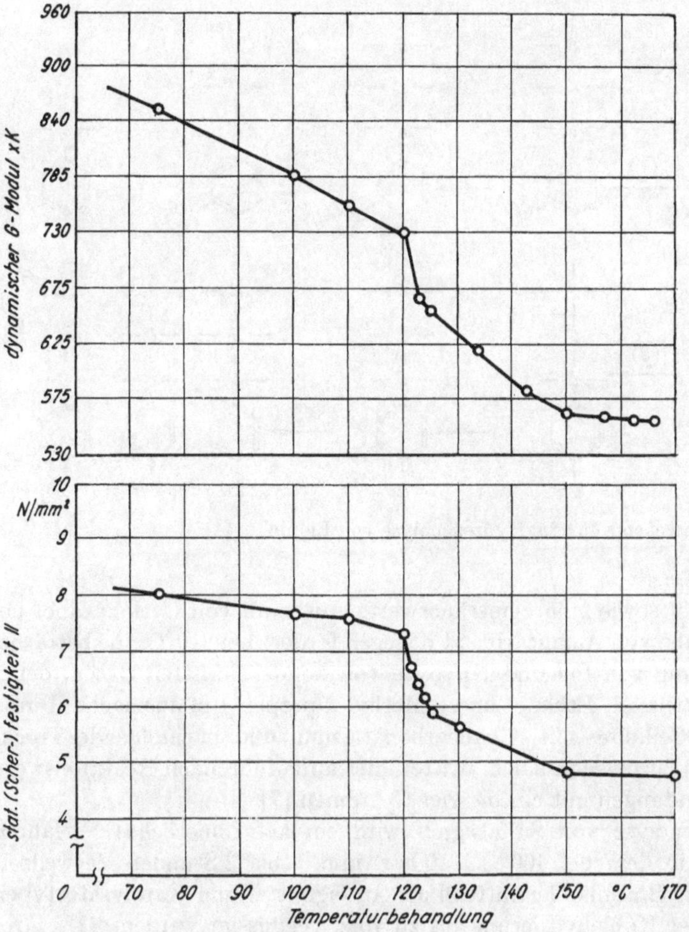

Abb. 4 Änderung der Festigkeitseigenschaften des Holzes im Temperaturbereich der Plastifizierung von Lignin

2. *Pyrolyse mit Katalysatoren*

Der Einsatz von Katalysatoren hat zu einer Reihe von neueren und effektiveren Pyrolyse-Prozessen geführt. Das Ziel dabei ist, eine Tieftemperatur- und Niederdruck-Pyrolyse zu erreichen, den Schlüssel dazu liefern katalysierte Reaktionen.

Experimente mit reiner technischer Cellulose haben gezeigt, daß gegenüber der nicht katalysierten Pyrolyse ganz neue Reaktionswege eröffnet werden. In Gegenwart von Al_2O_3 wird bei 310 °C ein Anwachsen der Bildung von Metha-

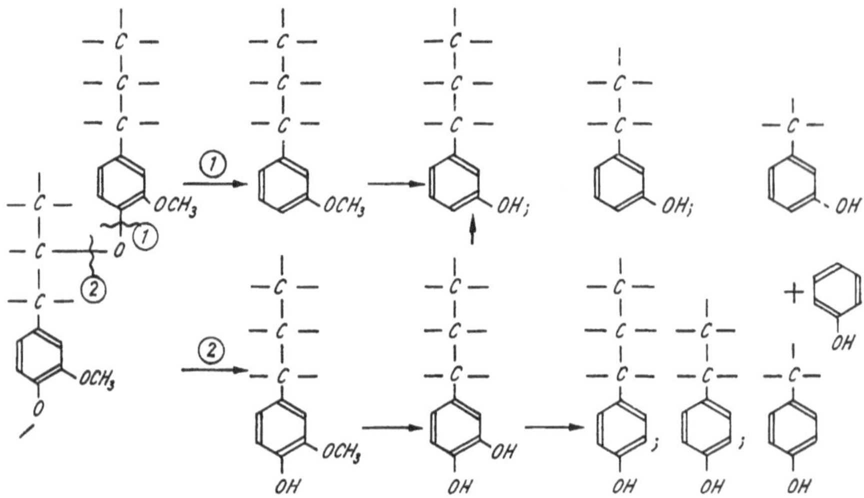

Abb. 5 Reaktionsschema für die Hydrogenolyse von Lignin

nol und Ethanol sowie eine bemerkenswerte Ausbeute von Cyclohexanol bewirkt. Die Zugabe von Alkalicarbonat dagegen fördert bei 210 °C eine beträchtliche Entwicklung von CO und H_2 sowie von kondensierbaren Gasen, deren Hauptanteil Methanol, Ethanol und 2-Methyl-2-propen-1-ol ausmacht. Durch Tränkung der Cellulose mit Alkalicarbonatlösung und nachfolgende Trocknung ergibt die Pyrolyse in einem dritten hier aufzuführenden Reaktionswege oxidierte Verbindungen mit ein bis vier C-Atomen [7].

Zur Hydrogenolyse von Sulfatlignin wird ein kontinuierliches Verfahren vorgeschlagen, in dem bei 400 °C, 150 bar, und 1 bis 2 Stunden Verweilzeit im Reaktor, mit Braunkohlenmittelöl als Anteigmittel und Katalysatortypen analog denen der Kohlehydrierung bis zu 75% verflüssigt werden (42% Aromaten, 28% Gesamtphenol) [8].

Aussichtsreich erscheinen auch katalytische Dampfpyrolyse-Prozesse, die zum einen den Vorteil haben, daß unter Verwendung des gleichen Reaktors durch Einsatz unterschiedlicher Katalysatoren und Wechsel in der Wahl der Bedingungen eine große Produktvariabilität erreicht wird, und zum anderen erlauben, ein breites Rohstoffsortiment einzusetzen, wie Fällungsrückstände, Holzreste, Altholz usw. So erhält man bei einer Dampfvergasung von Holz unter normalem Druck mit einem Ni, SiO_2, Al_2O_3-Katalysatorsystem oberhalb 700 °C Synthesegas einer für die Fischer-Tropsch-Kohlenwasserstoff-Synthese geeigneten Zusammensetzung, mit einem Fe, Cr, SiO_2, Al_2O_3-Katalysatorsystem bei gleicher Temperatur dagegen Synthesegas einer für die NH_3-Produktion geeigneten Zusammensetzung, wobei noch zusätzlich ein Alkalicarbonat-Katalysator eingesetzt wird, der die H_2- gegenüber der CO-Bildung begünstigt [7]. Tiefere Temperaturen fördern das Entstehen von Methan. Bei 550°C und normalem Druck reagiert Dampf mit Holz in Gegenwart eines Ni-Katalysators zu einem Gas mit 20–35% Methangehalt, wobei SiO_2, Al_2O_3-Katalysatoren zur Zurückdrängung der Teer- und Ölfraktionen benutzt werden. Schließlich sei noch auf die Reaktion von zerkleinertem, in Wasser aufgeschlämmtem Holz mit Wasserstoff bei 340°C, 100 bar in Gegenwart eines Raney-Ni-Katalysators hingewiesen, wobei aus 1 kg Holz etwa 400 g Heizöl gewonnen werden mit einem Heizwert um 40 MJ/kg. Dieses Heizöl besteht etwa zu 50% aus Phenolen [9].

Durch eine prinzipiell neue und systematische wissenschaftliche Durchdringung der dem althergebrachten Köhlerhandwerk zugrundeliegenden chemischen Vorgänge sind unerwartete Aspekte und thermochemische Grundlagen für effektive Holzverwertungsverfahren erhalten worden. Dabei zeichnen sich enge Beziehungen zur Carbochemie ab. Die Verknüpfung der Holz- mit der Carbochemie läßt stoff- und volkswirtschaftlich vorteilhafte Lösungen zur anteiligen Deckung des Bedarfes an organischen Grundchemikalien und Zwischenprodukten erwarten. Zudem stellen Verfahren, deren Grundlage die Pyrolyse des Holzes ist, geringere Anforderungen an die Qualität des einzusetzenden Rohstoffes und ermöglichen damit die Ablösung des wertvollen Schichtholzes durch Hackgemische als Rohstoffbasis.

Literatur

[1] Fischer, F.: Thermische Reaktionen des Holzes und der Holzbestandteile und ihr Einfluß auf chemische Verwertungsverfahren, Ber. 3. Internationales Symposium Grundlagenforschung zur komplexen Holznutzung, Grillenburg, 1980, im Druck.

[2] Shafizadeh, F.: Utilization of Biomass by pyrolyses methods, TAPPI Conference Papers, Forest Biology Wood Chemistry Conference 1977, S. 191–199.

[3] Pecina, H., Oldenburg, V.; Kühne, G. u. Wienhaus, O.: Einige Gedanken über die Oberflächenaktivierung zur klebstofflosen Faser—Faser-Bindung bei der Holzwerkstoffherstellung, Wiss. Z. Techn. Univers. Dresden **28** (1979), H. 6, S. 1499–1502.

[4] Fischer, F. u. Wienhaus, O.: Das Lösungsmittel Dimethylsulfoxid und seine Anwendung in der Holzchemie; Holztechnologie **13** (1972), 3, S. 161–166.

[5] Fischer, F.: Oxidationsreaktionen an Ligninen; Sitzungsberichte der AdW der DDR, **17 N** 1979, S. 26–43.

[6] Wienhaus, O.; Schiene, R. u. Fischer, F.: Hydrogenolyse und Pyrolyse von Ligninen; Zellstoff und Papier **29**, 1980/3, S. 125–128.

[7] Anonym: Processes promising for cellulose pyrolysis; C. & EN. March 3, 1980, S. 26–28.

[8] Wienhaus, O.; Fischer, F. u. Schiene, R.: Die Hydrogenolyse von Lignin – ein aussichtsreiches Abbauverfahren zur Gewinnung organischer Grundchemikalien; Zellstoff und Papier **25** (1976), Heft 4, S. 109–116.

[9] Berry, R. I.: An ancient fuel provides energy for modern times; Chem. Eng., April 21, 1980.

FSC
www.fsc.org
MIX
Papier | Fördert gute Waldnutzung
FSC® C083411

Zeitfracht Medien GmbH
Ferdinand-Jühlke-Straße 7
99095 Erfurt, Deutschland
produktsicherheit@kolibri360.de